科学のアルバム
かがやくいのち

ヤドカリ

―しおだまりの生き物―

草野慎二

監修／武田正倫

あかね書房

ヤドカリ しおだまりの生き物 もくじ

第1章 ヤドカリがくらす海岸 —4

- ヤドカリがいた！ —— 6
- ころがってにげる！ —— 8
- 触角でまわりをさぐる —— 10
- いろいろなものをたべる —— 12
- たいせつなはさみ —— 14
- きけんもいっぱい —— 16
- イソギンチャクとなかよしのヤドカリ —— 18

第2章 しおだまりの生き物たち —20

- しおがひくとできる水たまり —— 22
- 岩の上でくらす生き物 —— 24
- しおだまりの魚たち —— 26
- カニやエビもたくさんいる —— 28
- ウニやヒトデもいる —— 30

第3章 ヤドカリのくらし —— 32

- ヤドカリのひっこし —— 34
- 家不足のヤドカリの世界 —— 36
- メスを運ぶオス —— 38
- 脱皮してから卵を産むメス —— 40
- エビのような形の赤ちゃん —— 42
- 脱皮をくりかえして育っていく —— 44
- また春がきて —— 46

みてみよう・やってみよう ── 48

- ヤドカリをさがしてみよう ── 48
- ヤドカリを飼ってみよう ── 50
- ヤドカリをひっこしさせてみよう ── 52
- ヤドカリの体 ── 54
- ヤドカリのなかまをしらべよう ── 56

かがやくいのち図鑑 ── 58

- ホンヤドカリのなかま ── 58
- ヨコバサミなどのなかま ── 60

さくいん ── 62
この本で使っていることばの意味 ── 63

草野慎二

1942年、東京都生まれ。会社員生活をへたのち、1977年長崎に移り、栗林自然科学写真研究所スタッフとして活動をはじめる。のちに、生物生態写真家として独立、今日にいたる。とくに両生類、いその生物などの撮影を手がけている。著書に『カマキリ観察事典』（偕成社）、『ジュニア写真動物記・カエル』（平凡社）、『アカテガニ』『カタツムリ』『ヤドカリ』『メダカ』（ともにリブリオ出版）、『科学のアルバム・メダカのくらし』（あかね書房）。ほかにも多数の著書がある。

ヤドカリの本を出版させていただくのは今回で3冊目で、前の2冊は30ページ前後の本でした。今回は倍以上のページ数で、写真の枚数も当然多くなりました。かぎられた時間の中での作業で、全部の写真を自分で撮りきれず、残念でした。締め切りギリギリ最後に撮影したのが、53ページの実験写真。人工宿といっても、何かのキャップとかは海水に浮く物が多く、ガラスびんは重いし、ケアシホンヤドカリは体も小さいので、なかなか適当な物がありませんでした。写真の半円形のアクリル、このままでは入れないので、貝がらを2ミリぐらいにけずってはりつけました。何もないよりましらしく、10日以上この人工宿で水槽内を歩き回っています。このヤドカリくんには気の毒だけど、しばらくこのまま飼育してみたいと思っています。

武田正倫

1942年、東京都生まれ。九州大学大学院修了後、国立科学博物館動物研究部でカニ類やヤドカリ類の分類、生態、発生の研究をおこなうとともに、教育普及活動をつづけた。東京大学大学院教授として大学院生の指導もおこない、2006年より帝京平成大学教授として小学校教員をめざす学生を教えている。多数の研究論文のほか、海洋動物に関する教養書や図鑑類、児童向け科学読み物なども執筆している。

動物は自分で栄養分をつくれず、ほかの動植物をたべなければ生きていけません。そのため、自分もほかの動物にたべられてしまうきけんがあります（たべる・たべられるの関係です）。海にすむ動物は、1ミリメートル以下の小さな種類から巨大なクジラ類まで、大きさも形も、生活方法もさまざまですが、それぞれの動物ごとに生きていくためのくふう（生活戦略）があります。ヤドカリは貝がらに入って身を守る生活をえらびました。ヤドカリの腹部は右側にねじれていて、"へんな形"に思えますが、この本をみると、ほんとうはくらし方に合った、うまくできている形であることに、感心するでしょう。

第1章 ヤドカリがくらす海岸

　ひきしおのときの海岸には、岩場のあちこちに、海の水がたまった大小の水たまりができています。この水たまりを、しおだまりとかタイドプールといいます。しおだまりは、日ざしや風、雨やなみなどの力が強くはたらくので、生き物にとっては、あまりくらしやすい場所ではありません。でも、岩の上やしおだまりの中をみると、たくさんのヤドカリをみつけることができます。

■ 海岸にできたしおだまりの中をのぞいてみると、いろいろな生き物がいます。よくみると、あちこちにヤドカリがいます。

ヤドカリがいた！

　しおだまりの岩の上をみていると、何かがごそごそと動いています。ヤドカリです。

　じっとしているときには、貝や小石のようでみつけにくいですが、動きだすと思いのほかスピードがあるので、みつけやすくなります。

　つかまえようとすると、体を貝がらの中にひっこめ、ころんところがって、水の中に落ちてしまいました。落ちたあたりをしばらくみていると、水の中を歩きだしました。よくみると、水の中の岩の上には、たくさんのヤドカリがいます。

▲しおだまりの中をそっとみると、さまざまな大きさや形、色の貝がらに入ったヤドカリがいます。なかでも、動いているもの（矢印）はよくめだちます。

■ しおだまりの岩の上を歩くケアシホンヤドカリ。赤い触角がよくめだつヤドカリです。

▶ しおだまりの中にいるケアシホンヤドカリ。岩の上を歩きまわって、食べ物をさがしています。

ころがってにげる！

　ヤドカリは、きけんを感じると体をちぢめて、入っている貝がらの中にかくれます。頭を貝がらの中にひっこめ、はさみとあしで貝がらの口にしっかりとふたをしてしまいます。水の動きや、光やかげなどから、まわりのものの動きを感じとり、少しでもきけんを感じると、あっというまに、貝がらの中に体をひっこめてしまいます。

　体が完全に貝がらの中にかくれ、守られるので、魚などの敵に少しくらいつつかれても、まったく安全です。岩の上などにいるときには、体をひっこめたいきおいで、貝がらごところがり落ちることができるので、べつの場所まですばやくにげることができます。

🔺何かきけんを感じて、体を貝がらの中にひっこめると、ヤドカリは岩の斜面をころがって、下に落ちていきます。

🔺岩の下のすなまで落ちると、しばらくのあいだ、そのままじっとしています。

🔺まわりのようすをうかがいながら、体を貝がらから出していき、安全をたしかめると、また、歩きだします。

触角でまわりをさぐる

　ヤドカリは、長い触角をさかんに動かしてまわりの物にさわりながら、歩きまわります。ヤドカリの目は、明るさや暗さはよくわかりますが、物の細かい形まではわからないようです。ですから、長い触角でまわりの物にさわり、形やようすをさぐるのです。

　触角は2組あり、外側の1組は長く、目の柄のつけねの下から出ています。内側の1組は短く、目の柄のあいだにあり、先の方にふさのような毛がはえています。短い触角は、あじやにおいを感じるのに使います。口にある小さなあしを使って、ていねいに触角の手入れをします。

🔺ケアシホンヤドカリは、赤くてめだつ触角をもっています。内側にある方が第1触角、外側にある方が第2触角です。

🔺 2組の触角を使って、死んだ魚を調べているケアシホンヤドカリ。

◀ 触角の手入れをしているケアシホンヤドカリ。口にある小さなあし（第3顎脚）で長い触角をはさみ、しごくようにして、ごみなどを取ります。第2触角はふつう、長くて、むちのようにしなります。なかには、ツノヤドカリのなかま（13ページ）のように、第2触角の毛が鳥のはねのようになっていて、水の中の細かなえさをこしとるやくめをするような種類もいます。

■ 海藻をたべるケアシホンヤドカリ。はさみの先でじょうずにつかみ、ちぎったり、つまんだりして口に運びます。

いろいろなものをたべる

　多くのヤドカリは雑食性で、海藻や岩についた藻、魚やエビの死がい、すてられた食品、海底や海中の細かなごみ（デトリタス）など、さまざまなものをたべます。ときには、巻き貝など、生きているものをおそってたべることもあります。

　たべるときには、はさみあし（第1脚）のはさみを使ってたべものをつまみ、口に運びます。

　しかし、なかには、水中や海底にあるデトリタスばかりたべる種類もいます。これらの多くは、はねのように毛がはえた触角をもち、これを動かして食べ物を毛でこしとってあつめます。

🔺死んだ魚にあつまってきたケアシホンヤドカリとホンヤドカリ。死がいをたべ、海の中をきれいにするやくめも、はたしています。

🔺巻き貝をおそってたべるケアシホンヤドカリ。たべたあと、その貝がらにひっこすこともあります。

🔺ツノヤドカリのなかま。毛がはえた第2触角（矢印）で水の中のデトリタスをこしとり、はさみであつめてたべます。

たいせつなはさみ

　ヤドカリにはあしが10本（5対）ありますが、いちばん前にあるあし（第1脚）の先は2つに分かれ、はさみのようになっています。はさみは内側の指だけが動き、2本の指で物をつかんだり、指先でつまんだりすることができます。

　はさみは、食べ物をたべたり、けんかをするときに使ったり、物をもったりするのにかかせない、たいせつな器官です。また、ひっこしをするときに、貝がらの大きさを計ることにも使います。

　それほどたいせつなはさみですが、敵につかまれたときなど、自分からはさみを切りはなしてにげることもあります。

▲小さなはさみで、大きなはさみをそうじするケアシホンヤドカリ。ケアシホンヤドカリは、左側のはさみより右側のはさみが大きくなっています。

🔺 はさみで、岩についている海藻をつまんで、たべようとしているケアシホンヤドカリ。

🔺 ケアシホンヤドカリのオス（左）。持ち運んでいるメスを守るため、ほかのオス（右）とはさみでたたかいます。

🔻 海底に落ちている貝がらを調べるケアシホンヤドカリ。はさみで砂をかきだしたり、中にさし入れて大きさを調べたりします。

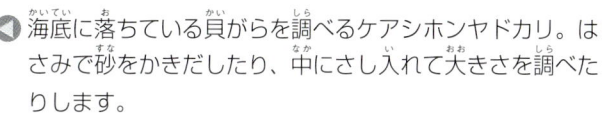

🔺 再生中のはさみ（矢印）。自分で切りはなしたはさみは、はじめはふくろのような丸い形になり、脱皮をするとはさみの形にもどります。脱皮をするたびに、だんだんもとの大きさになっていきます。

■イシダイにおそわれたケアシホンヤドカリ。イシダイは、貝がらをかみくだき、中にかくれているヤドカリをたべてしまいます。

きけんもいっぱい

ヤドカリは、きけんがせまると、入っている貝がらにかくれて身を守ります。たいがいの敵は、貝がらに入ったヤドカリをおそうことはありません。

でも、イシダイや大型のフグなどの魚は、強力な歯で貝がらをかみくだいてしまいます。またタコも、あごの力が強いおそろしい敵です。

▲海底を歩いているケアシホンヤドカリ。歩きまわって、食べ物をさがしています。

▲マダコにつかまったヤドカリ。吸ばんのあるあしでつかまれ、あしのつけねにある強力なあごで、貝がらを割られてしまいます。

▲カワハギの幼魚が近づいてきました。ケアシホンヤドカリは、きけんを感じて貝がらの中にかくれます。

▲貝がらにかくれたヤドカリをおそっても、たべることができないので、カワハギは通りすぎていきました。

■ ヨコスジヤドカリ。ヤドカリイソギンチャクを、入っている貝がらにつけています。ひっこしをするときには、ひっこした新しい貝がらにイソギンチャクもひっこしをさせます。

イソギンチャクとなかよしのヤドカリ

　ヤドカリのなかには、敵から身を守るために、イソギンチャクとなかよくするという方法を使っているものがいます。入っている貝がらや自分のはさみに、イソギンチャクをつけているのです。

　イソギンチャクのうで（触手）にさわると、毒ばりがささるので、たいていの魚やタコは、イソギンチャクにさわりません。これならば、大きなフグやタコからも身を守れます。そのかわりにイソギンチャクは、いろいろな場所に移動でき、ヤドカリの食事ののこりなどをたべることができます。たがいに助けあって、くらしているのです。

🔺 貝がらにベニヒモイソギンチャクをつけてくらしているソメンヤドカリ。いくつもつけているものもいます。

🔺 ひっこしをしたあと、元の貝がらからイソギンチャクをはがし、つけかえているソメンヤドカリ。

🔺 トゲツノヤドカリ。ヤドカリコテイソギンチャクを、大きい方のはさみにつけています。

しおだまりの中にいるケアシホンヤドカリとイソスジエビ。貝や海藻をはじめ、さまざまな生き物がいます。

第2章 しおだまりの生き物たち

　しおだまりは、ひきしおのときに海岸にあらわれるため、みちしおのときに水の中にいた、いろいろな生き物に出会うことができます。まるで、海を観察するための「まど」のような場所なのです。ヤドカリのほかにも、しおだまりの外の岩の上や、しおだまりの中、しおだまりのまわりのあさい海などで、さまざまな生き物がくらしています。

しおがひくとできる水たまり

しおだまりのできる場所をよくみると、みちしおのときにも海水につからない場所（潮上帯）、みちしおのときには海面の下にかくれ、ひきしおのときにすがたをあらわす場所（潮間帯）、ひきしおのときにも海面の下につかっている場所（潮下帯）の3つに、大きく分けられます。

しおだまりは、ひきしおのときに潮間帯にあらわれる、海水がたまった水たまりです。海の水のみちひきによって、すがたをあらわしたり消えたりするのです。

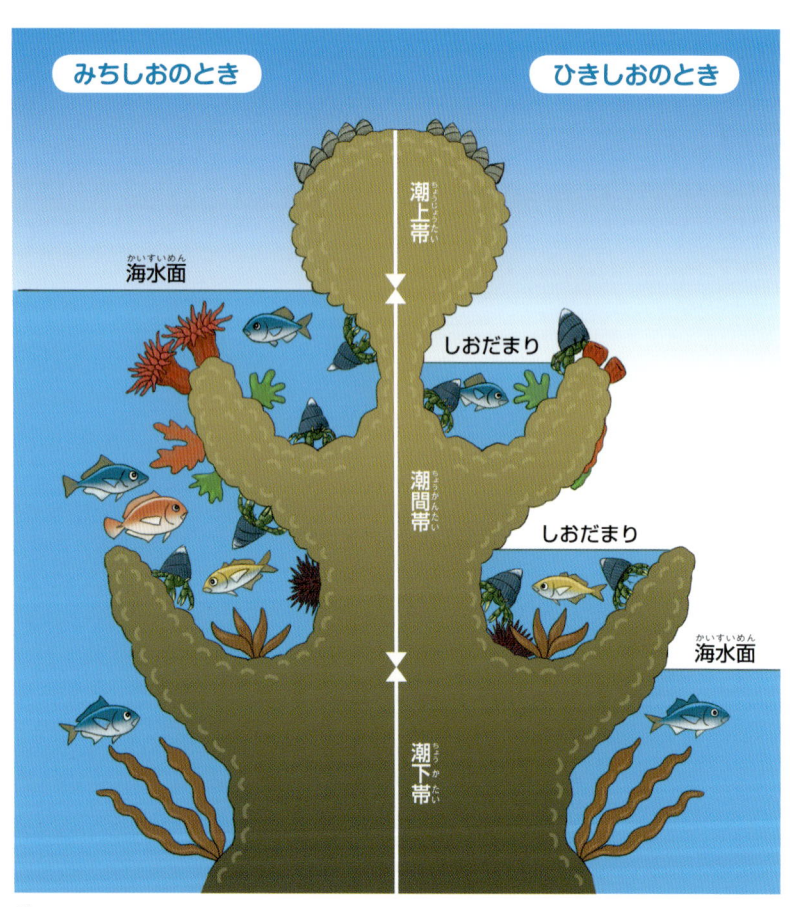

▲みちしおのときと、ひきしおのときの海岸の岩場のようす。

▶しおがひいて、すがたをあらわしたしおだまり。みちしおのとき（右上の写真）は、ほとんどの岩が海水にひたっていて、あさい海にしかみえません。

■ タマキビ（大きい方の巻き貝）とアラレタマキビ。水の中ではおぼれてしまうので、しおがみちてくると、どんどん岩の上の方に移動していきます。

岩の上でくらす生き物

　潮上帯や潮間帯の環境は、強い日ざしや風をうけ、こい塩分にもたえなければならないという、きびしいものです。

　ここには、タマキビやアラレタマキビのように、海べにいるのに海水につかるのがきらいな生き物がいます。この2種類の貝は、えらで呼吸するのではなく、カタツムリのように肺で呼吸をします。

　また、フジツボやカメノテ、ヒザラガイ、ウメボシイソギンチャクなど、長時間、水の外でたえられるものもいます。海面から出ているときはじっとしていて、海水につかると活動をはじめます。

　フナムシやイワガニ、ヤドカリなどは、岩の上にもいますが、きけんを感じると水中ににげこむことができます。

◁ イソガニ。外海に面した海岸でみられます。フナムシや小魚、海岸のごみ、海藻などをたべます。岩の上にもよく出ていますが、近づくとすばやく走って、岩のすきまなどにかくれてしまいます。

△ フナムシ。なみをかぶらない岩の上などで、生き物の死がいや海岸の生ごみなどをたべます。水の中にもにげこみます。

△ カメノテ。潮間帯の岩にくっついて生きています。ひきしおのときは、からをとじて、活動しません。

△ ヒザラガイ。潮間帯の岩の上にいます。ひきしおのときはじっとしていて、しおがみちてくると、動きまわります。

△ フジツボのなかま。ひきしおのときはからをとじ、みちしおになると熊手のようなあしを動かし、えさをあつめます。

しおだまりの魚たち

　しおだまりはあさく、広さもそれほどないので、あまり大きな魚はやってきません。ですから、稚魚や幼魚（魚の子ども）、泳ぐ力があまり強くない魚たちにとっては、敵の少ない安全な場所です。海藻がしげっているところや、岩の下やすきまなど、かくれる場所もたくさんあります。

　また、腹びれで岩にはりつくことができるハゼやギンポのなかまは、しおがみちて強いなみをかぶってもながされたりしないので、しおだまりでよくみられます。

▶チャガラのむれ。ハゼのなかまで、しおだまりでは、夏場にわかい魚が多くみられます。

▲タツノオトシゴ。大きめのしおだまりの海藻がよくしげっている場所などで、ときどきみられます。

▲メジナの幼魚。春から初夏に、15センチメートルほどまでの大きさの幼魚がよくみられます。

▲ オヤビッチャの幼魚。15センチメートルほどまでの幼魚が一年中みられます。

▲ カゴカキダイの幼魚。初夏から、5センチメートルほどの幼魚がみられます。

▲ ハオコゼの幼魚。海藻の根元などで多くみられます。

▲ イソギンポ。幼魚も成魚も、しおだまりの岩のすきまなどで見られます。

▲ ニジギンポ。貝がらの中などに入っていたり、泳いでいたりします。

▲ シマハゼのなかま。岩の下などに産みつけられた卵を、オスが守ります。

▲ キヌバリ。ハゼのなかまで、初夏に成魚がみられます。

▲ アゴハゼ。幼魚も成魚も、しおだまりの中でよくみられます。

カニやエビもたくさんいる

しおだまりの中や、あさい海底には、小さなエビやカニのなかまがたくさんすんでいます。小さなエビのなかまなどは、十数センチメートルほどのとても小さくてあさいしおだまりでも、みつけることができます。

小さなカニやエビのなかまは、魚たちの大好物です。おそろしい敵にたべられないように、海藻や岩のすきまにかくれるものや、まわりの環境に体の形や色、もようをにせて（擬態またはカムフラージュといいます）、かくれているものがたくさんいます。海藻やごみを体につけ、かくれるものもいます。

▲ヨツハモガニ（矢印）。海藻の根元にかくれ、甲らの背中にあるかたい毛に海藻などをつけて、カムフラージュします。

▲ケブカガニ。体中にはえている長い毛がごみのようなので、海底でめだちません。

▲イソクズガニ。体中に海藻やカイメン、ごみなどをつけて、カムフラージュしています。

◀ヒライソガニ。甲らの色やもようが1ぴきごとにちがっていて、まわりの環境にまぎれています。

▲ツノモエビ。緑色の小さなエビ（矢印）で、海藻などのあいだにかくれています。

◀イソスジエビ。外海に面したしおだまりで、いちばんよくみられる小さなエビです。小さな水たまりでもみられます。

▼トゲワレカラ（矢印）。内湾のしおだまりの海藻の上などでじっとしています。海藻などに擬態しています。

▲イソテッポウエビ。ふだんは西日本のしおだまりの中の石の下や海藻のあいだなどにいる小さなエビです。

▲サラサエビ。しおだまりの岩のすきまや、石や海藻の下にいる小さなエビで、魚の体をそうじします。

▲イトマキヒトデ。大きなしおだまりでみられます。貝や、魚の死がいをたべます。

▲アカヒトデ。体の色が赤っぽく、しおだまりの中でよくめだちます。

▲ニホンクモヒトデ。大きな石の下や、岩のすきまなどにいます。

ウニやヒトデもいる

　しおだまりでは、魚やエビ、カニのほかに、ウニやヒトデ、イソギンチャク、貝やアメフラシやウミウシなども、たくさんみられます。また、植物のような形のヒドロ虫や、岩のような形をしたカイメンなどもいます。動かないものや、動きのおそいものが多いですが、水から出てもあるていどの時間はたえていられるものが多いです。

　しおだまりでは、海藻やプランクトンをふくめ、このような生き物たちが、「たべる・たべられる」の関係でつながりあい、くらしているのです。

▲ガンガゼ。岩のすきまなどにかくれているウニで、細くて先がするどくとがったとげが、たくさんあります。

▲バフンウニ。しおだまりの岩の下やすきまにかくれています。食用になるウニです。

▲ウメボシイソギンチャク。うで（触手）をすぼめているときは、梅ぼしのような形（円内）になっています。

▲ミドリイソギンチャク。うで（触手）がうすいピンク色、体に多くの緑色のいぼがある、きれいなイソギンチャクです。

▲ヨロイイソギンチャク。体のよこに小石をたくさんつけていて、水から出ているときは小石のかたまりのようにみえます。

▲アオウミウシ。巻き貝に近いなかまの生き物です。

▲イシダタミガイ。水中や水から出た岩の上でみられる巻き貝です。

▲アメフラシ。ウミウシと同じく、巻き貝に近いなかまの生き物です。体をおされたりすると、写真のように背中から赤紫色の液を出します。

第3章 ヤドカリのくらし

　しおだまりの中や、岸近くのあさい海底には、いろいろな種類や大きさのヤドカリたちがくらしています。ヤドカリたちは、食べ物をみつけてたべ、いろいろなきけんを乗りこえて、育っていきます。

　ヤドカリは、育って体をおおっているからがきつくなると、からをぬいで（脱皮して）、大きくなります。でも、体が大きくなっても入っている貝がらは大きくなりません。だから、体に合った大きな貝がらをみつけ、ひっこしをしなければなりません。そのため、しおだまりやそのまわりには、新しい家になる貝がらをさがしているヤドカリが、たくさんみつかります。

■ 海底に落ちていた貝がらを調べるケアシホンヤドカリ。

■ 新しい貝がらをもって、中からすなを出すケアシホンヤドカリ。

ヤドカリのひっこし

　脱皮をして体が大きくなると、入っている貝がらがきつくなってきます。そんなときに、大きな貝がらをみつけると、ヤドカリはひっこしをします。

　まず、はさみを使って貝がらの大きさを調べ (32 ページ)、ちょうどよい大きさだと、中のすなやゴミを出してきれいにして、ひっこしをはじめます。新しい貝がらをはさみでしっかりとおさえ、古い貝がらからおなかをひきぬきます。そして、新しい貝がらにすばやくおなかをさし入れて、ひっこしが終わります。

　でも、ヤドカリの数にくらべて、ちょうどよい大きさの貝がらは少なく、なかなか新しい貝がらはみつかりません。ですから、ぼろぼろの貝がらやきつくなった貝がらに入っているヤドカリが、とてもたくさんいます。

2 ▲ 貝がらのそうじが終わって、いよいよひっこしをはじめます。まず、はさみで貝がらの口をしっかりおさえます。

3 ▲ 貝がらから、おなかをひきぬきます。やわらかいおなかを外に出すので、敵におそわれないよう、注意が必要です。

4 ▲ ひきぬいたおなかを、新しい貝がらの中に、すばやくさしこみます。

5 ▲ しっかりと体をおさめました。新しい貝がらが気に入らないと、元の貝がらにもどることもあります。

6 ▲ うまく貝がらが体にあったようです。ひっこしが完了しました。

7 ▲ 新しい貝がらに入って、歩きはじめました。古い貝がらは、その場におきざりにします。

■ われて、ぼろぼろになった貝がらに入っているホンヤドカリ。ちょうどよい大きさの新しい貝がらはなかなかみつからないので、こんな貝がらでも、がまんして入っています。

家不足のヤドカリの世界

　ヤドカリたちをみると、ぼろぼろの貝がらに入っているものが、わりあい多いことに気がつきます。どのヤドカリも、大きくて新しい貝がらにひっこしたいのでしょうが、新しい貝がらはヤドカリの数にくらべ、ずっと少ないようです。でも、大きく育っていくには、今より大きな貝がらがひつようです。だから、ヤドカリたちは、いつでもひっこしできそうな貝がらをさがしていて、大きさが合えば、ぼろぼろの貝がらでも、しかたなくひっこします。

　なかには、よさそうな貝がらに入っているヤドカリをおどして、貝がらからおいだし、その貝がらをのっとってしまうヤドカリもいます。

▲ 小さな貝がらに入ったヤドカリ（左）が、べつのヤドカリの貝がらをつかみ、自分の貝がらを何回もぶつけています。

▲ はさみでもこうげきをすると、こうげきされたヤドカリは、たまらず、貝がらから外へにげだします。

◀ おいだされたヤドカリは、まだ元の貝がらにしがみついています。でもこうげきしたヤドカリは、おかまいなしに、あき家になった貝がらを調べます。気にいったようで、新しい貝がらにひっこしをします。

▲ 新しい貝がらにひっこししたヤドカリ（右）と、おいだされたヤドカリ（左）。

▲ おいだされたヤドカリは、しかたなく小さな貝がらに入ります。

▲ なんとか小さな貝がらに入り、歩きはじめます。

■ メスを運ぶケアシホンヤドカリのオス。左の小さい方のはさみで、メスの入っている貝がらのふちをしっかりつかんでいます。

メスを運ぶオス

　冬が近くなるころ、しおだまりのまわりの海底では、はさみで貝がらをかかえて歩くヤドカリが、あちこちにみられるようになります。かかえている貝がらにはヤドカリが入っていますが、貝がらを乗っとろうとしているのではありません。

　これは、オスのヤドカリが、メスのヤドカリをかかえて、ほかのオスにとられないようにしているのです。かかえられているメスは、お腹に卵をかかえていて、もう今にも卵がかえって（ふ化して）、赤ちゃんが生まれそうです。

　卵がかえりそうになると、メスは貝がらから乗りだして、体をふるわせます。すると、卵からふ化した赤ちゃんが、つぎつぎに海中におよいで出てきます。

*ヤドカリが卵を産む季節は、種類によってちがいます。この本で紹介しているケアシホンヤドカリは、秋の終わりと春に卵を産みます。

🔺 運んでいるメスをねらって、べつのオスが近づいてきました。オスはメスを横において、たたかいます。

🔺 たたかいに勝って、べつのオスをおいはらうと、オスはふたたびはさみでつかんで、メスを運びます。

🔺 貝がらから乗りだして体をふるわせるメス（右）。エビのような形の小さな赤ちゃんが、卵からかえっておよいでいます。

脱皮してから卵を産むメス

　かかえていた卵から赤ちゃんがみんな出て2、3日たつと、メスは脱皮をします。脱皮をおえると、メスはまた、卵を産めるようになります。この脱皮を合図に、オスはメスを海底におろします。そして、オスとメスはむき合って身を乗りだし、あしのつけねをくっつけます。

　これが、ヤドカリが子孫をのこすための交尾（交接）です。オスは、ほかのオスにじゃまされずにメスと交尾できるよう、メスを運んでいたのです。

　交尾をすると、メスはすぐに新しい卵を産み、かたまりになったたくさんの卵を、お腹にあるあしでかかえます。

1. 脱皮をおえたメス（右）を海底におろして、むき合った形になったケアシホンヤドカリのオス（左）。
2. 貝がらから身を乗りだして、おたがいのあしをつかむようなかっこうになります。
3. あしのつけねをくっつけ合うように交尾をします。オスは前から5番目のあしのつけねから精子が入ったふくろを出し、メスの前から3番目のつけねにあるあなにふくろをくっつけます。

▲ 新しく産んだ卵をかかえているメス。貝がらの口からみえている黒いかたまりが卵です。直径0.5ミリメートルほどの卵です。

▲ 観察のために貝がらから出した、卵をかかえたメス。700〜1300個ほどの卵がくっつきあっています。

1

▲ 産んでから10日目の卵。とうめいな部分と黒い部分がみえます。黒い部分にある栄養で、卵の中の赤ちゃんが育ちます。

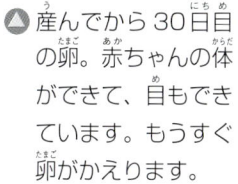

2

◀ 産んでから20日目の卵。だんだん赤ちゃんが育ってきます。

3

▲ 産んでから30日目の卵。赤ちゃんの体ができて、目もできています。もうすぐ卵がかえります。

■ 卵からふ化したケアシホンヤドカリのゾエア幼生が、メスのまわりを泳いでいます。大きな頭胸部を下にむけた姿勢で、長いあしと細長い腹部をふって泳ぎます。

エビのような形の赤ちゃん

　メスが卵を産んでから1か月ほどすると、卵からエビのような形をしたヤドカリの赤ちゃん（幼生）がふ化します。この赤ちゃんをゾエア幼生といいます。

　ゾエア幼生は、海の中を泳ぎながら小さな生き物をたべ、脱皮をして育っていきます。4回目の脱皮をおえると形がかわって、はさみあしをもつグラウコトエ幼生になります。海の中を泳いでいるあいだに、たくさん生まれたヤドカリの赤ちゃんは、ほとんどが魚などにたべられてしまいます。

　ふ化から1か月ほどたつと、グラウコトエ幼生は海底におり、5回目の脱皮をします。この脱皮で赤ちゃんの時期を終え、子ヤドカリになり、海底を歩いてくらすようになります。子ヤドカリは自分で貝がらをさがし、貝がらをみつけたものだけが、それに入り、生きていくことができるのです。

△ふ化したばかりのゾエア幼生。体長2ミリメートルほどの大きさです。

△グラウコトエ幼生。1番目のあしにははさみをもっています。

△子ヤドカリ。体長3ミリメートルほどですが、おとなと同じ形です。

△はさみあしを使って貝がらを調べているケアシホンヤドカリの子ヤドカリ。

△貝がらに入った子ヤドカリ。まだ体の色もついていませんが、ここからヤドカリとしてのくらしをはじめます。

● 1センチメートルにもみたない子ヤドカリですが、体の色もおとなと同じになり、ヤドカリらしくなりました。ケアシホンヤドカリの目印の赤い触角がよくめだちます。

脱皮をくりかえして育っていく

　貝がらに入る生活をはじめた子ヤドカリは、海底を歩きまわって食事をし、育っていきます。ヤドカリが大きく成長していくためには、体をつつむからがきつくなるたび、脱皮をして古いからをすて、大きいからにつつまれた体にならなければなりません。
　脱皮をするときはまず、貝がらに入ったままお腹の部分を脱皮し、それから古いからが背中側からさけて、体とあし、触角や目などをひきぬいていきます。
　子ヤドカリのときは、1か月ごとくらいに脱皮をしますが、成長して体が大きくなるにつれてあいだがあき、1歳くらいでじゅうぶんに大きくなったあとは、年に1回か2回になります。

🔺脱皮をしているケアシホンヤドカリ。古いから（矢印）をほぼぬぎ終わったところです。

🔺脱皮を終えて、ぬぎすてられた古いから。お腹の部分はうすい皮のようですが、頭胸部や触角、あしの部分は、脱皮前のすがたがそっくりそのままのこされていて、いまにも動きだしそうです。

🔺おとなのケアシホンヤドカリ（左）と子ヤドカリ（右矢印）。何度も脱皮をして、やっとおとなの大きさになります。

また春がきて

　春になり、日ざしが暖かくなってきました。海藻が育ったしおだまりの岩の上に、冬のあいだは水から上がってこなかったヤドカリが、すがたをみせはじめました。
　気温や海の水の温度が高くなるにつれて、ヤドカリたちの活動も活発になっていきます。ほかの生き物たちもすがたをみせ、しおだまりはまた、にぎやかになっていきます。

しおだまりの岩の上にすがたをあらわしたケアシホンヤドカリ。

みてみよう やってみよう

ヤドカリをさがしてみよう

▲ 小さくてあさいしおだまりならば、とくべつな道具や用意がなくても観察や採集ができます。

準備

日やけのしすぎや、ころんだときの安全のために、軍手をしたり、長そでの上着と長ズボンをきることをおすすめします。

つばの広いぼうし
軍手
マリンブーツや運動ぐつ

※しおだまりは、岩がすべりやすいので、けがをしないように準備しましょう。しおだまりで遊ぶときは、かならずおとなの人にいてもらいましょう。

夏から秋のはじめ、しおだまりでヤドカリをさがしてみましょう。岩の上やしおだまりの中でみつけたら、つかまえてみましょう。手でかんたんにつかまえることができます。つかまえたら、手のひらにのせたり、バケツやプラスチックの飼育ケースなどに入れたりして、観察しましょう。体のつくりや、歩き方などがよくわかります。

※しおだまりで遊んでいると、夢中になって満ち潮に気づかず、岸に帰れなくなることがあります。潮がもっともひく時間の2時間くらい前に到着し

つかまえてみよう

※岩のうらなどには、いろいろな生き物が生きています。このような生き物が死なないように、ヤドカリをさがすときなどにひっくりがえした岩は、かならず元あった形にもどしましょう。

ヤドカリに近づくときは、自分のかげがかかって気づかれないよう、顔に日があたる方向から近づきましょう。水の中ににげたときは、にげた場所を目でおっていき、動きがにぶったところを手でつかまえましょう。水の中に魚肉ソーセージなどをおいてヤドカリを集め、手でつかまえると、もっとかんたんです。

▲ かげがヤドカリにかからない方向から近づきましょう。水の中ににげて動かなくなったところを、つかまえましょう。

▲ つかまえたヤドカリを手にのせ、しばらくしずかにしていると、貝がらから体をだして動きはじめます。

観察しよう

つかまえたヤドカリをバケツや飼育ケースに入れ、海水を入れて、体や動きを観察してみましょう。

▲ いろいろな大きさのヤドカリを集めてみましょう。体の色や形から、同じ種類ごとに分けてみましょう。

つれて帰ろう

しめらせた海藻といっしょにヤドカリをバケツなどに入れ、海水はポリタンクなどで、べつに持ち帰りましょう。

▲ 持ち帰る数は、多くても10ぴきくらいにしましょう。いろいろな大きさの貝がらもいっしょに持ち帰りましょう。

しおがひくのにあわせて沖に移動し、潮が満ちてきたら岸に移動するようにしましょう。

みてみよう やってみよう
ヤドカリを飼ってみよう

　しおだまりでつかまえたヤドカリを5～10ぴき持ち帰り、教室や自分の家で飼ってみましょう。何年か飼うためにはいろいろな器具がひつようですが、1か月から2か月くらいなら、かんたんな器具で飼うことができます。

　飼ってみると、ヤドカリの体のつくりや動き、えさの食べ方だけでなく、けんかやひっこしなども観察できるかもしれません。観察がおわったら、ヤドカリは、かならずつかまえた場所にもどしてあげましょう。

長い方のはばが30～45cmのプラスチックの飼育ケースで、5～10ぴき飼いましょう。風通しのよい、明るい日かげにおきます。

いろいろな大きさの岩を入れて、かくれ場所をたくさんつくりましょう。

観賞魚飼育用のすなやじゃりをしきます。

えさ

- アサリ
- さしみ
- サラダ用海藻
- 魚肉ソーセージ
- ザリガニ用配合えさ

▲ 1日1回、アサリのむき身や、さしみ、サラダ用の海藻、魚肉ソーセージを小さく切ってやりましょう。ザリガニ用の配合えさもよくたべます。

水がじょうはつしたり、まわりに飛びちるのをふせぐため、飼育ケースの上にガラスのふたをのせます。

投げこみ式のかんたんなろ過装置を、エアポンプにつなぎます。

海水の用意

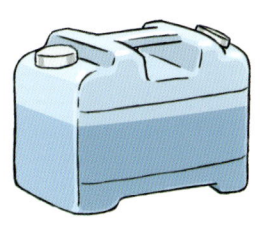

比重計でこさをはかる。

人工海水のもと

▲ 海水は、くんできた海水を1日おいた上ずみを使うか、人工海水のもとを水にとかしたものを使います。人工海水のもとは、つくり方をよく読んで、正しいこさにつくりましょう。

世話をしよう

▽ たべのこしたえさは、はしやピンセットで取りのぞきましょう。

▲ 海水は、1週間に1回、3分の1くらい取りかえましょう。

みてみよう やってみよう
ヤドカリをひっこしさせてみよう

▲ ひっこしているケアシホンヤドカリ。新しい貝がらをたくさん入れておくと、ひっこしを観察する機会が多くなります。

　自然の中では、入っている貝がらにまんぞくしているヤドカリは、全体の3分の1ほどしかいないといわれています。ですから、多くのヤドカリは、新しい貝がらがあると、ひっこしてみようとします。

　ヤドカリの飼育ケースに、いろいろな大きさの貝がらをたくさん入れて、ヤドカリがひっこしをするところを観察してみましょう。

▲ ヤドカリがひっこしをしないときは、ちょっとかわいそうですが、ヤドカリを貝がらから出してみましょう。貝がらの先を熱いお湯につけ*、とび出すヤドカリを観賞魚用の手あみで受けます。お湯の中に落とさないようにしましょう。

＊お湯を使うかわりに、ヤドカリの入っている貝がらをスプーンなどの金属で何回もコツコツたたく方法でも、ヤドカリを貝がらから出すことがで

いろいろなものにひっこしさせてみよう

　ヤドカリは、貝がらがないと、貝がらのかわりになるようないろいろなものに入ります。お腹が何かにふれていないと不安なようで、入るものがないときには、岩の下や飼育ケースのかべなどにお腹をおしつけます。

　ウニのからや、カタツムリの貝がら、びんやペットボトルのふた、小さなびんなど、いろいろと用意します。貝がらからだしたヤドカリをおいて、どんなものに入るか、実験してみましょう。実験がおわったら、かならず貝がらにひっこしさせましょう。

▲底に切った貝がらをはりつけたアクリルのケースに入っているケアシホンヤドカリ。

▲死んで中身がなくなったウニのからに入っているケアシホンヤドカリ。

▲カタツムリの貝がらに入っているケアシホンヤドカリ。

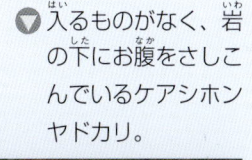

▼入るものがなく、岩の下にお腹をさしこんでいるケアシホンヤドカリ。

▲アクリルのキャップに入っているケアシホンヤドカリ。お腹のようすがよくわかります。

きます。根気がいりますが、この方法の方が、ヤドカリを安全に貝がらから出すことができます。

みてみよう やってみよう
ヤドカリの体

　ヤドカリは、カニやエビなどと同じ甲殻類の十脚目というグループにふくまれる動物です。

　しおだまりでみられるヤドカリは小型で、数センチメートルの大きさしかないので、肉眼で細かい部分まで観察するのはたいへんです。虫めがねやルーペを使って、ヤドカリの体を観察し、スケッチしてみましょう。

　また、お腹の部分はふだんは貝がらの中にかくれていてみえません。このページの写真で、お腹がどうなっているのかも調べてみましょう。

▲目は、ぼうのような柄の先についています。目のあいだに短い第1触角があり、目のつけねの外側には長くてむちのようにしなる第2触角がついています。

目
いろいろな方向に動く柄の先についています。

第2触角　第1触角

第1脚（はさみあし）
・先ははさみになってます。

▲口は、2本（1対）の大あごと4本（2対）の小あご、6本（3対）のあごあしでできています。

▲第1脚の先のつめは、内側のつめが動いて、はさみのように物をつかんだり、つまんだりできます。

オスの体（腹側）

第2脚　第1脚　第2触角　第1触角
第3脚
第4脚
第5脚

オスの体（背中側）

頭胸部
甲長
腹部

🔺 ヤドカリの体は、かたいからにおおわれた頭胸部とやわらかい腹部からできています。頭胸部には10本（5対）のあしがあり、第4脚と第5脚は貝がらの内側におしつけて体をささえます。腹部は背中側からみて反時計まわりにねじれています。腹部の左側にオスは3本、メスは4本の腹肢というあしがあり、メスはこのあしに卵をつけて守ります。

🔺 メスは、第3脚のつけねに、あながあります。交接のときに、オスから受けとった精子が入ったふくろを、ここにつけます。ここから卵を産みます。

🔺 オスは、第5脚のつけねに、あながあります。交接のときに、精子が入ったふくろを、ここから出します。

第3脚
先にとがったつめがあり、歩くときに使います。

第2脚
先にとがったつめがあり、歩くときに使います。

🔺 腹部の先には、尾肢というあしが4本あり、貝がらをしっかりとおさえるのに使われます。

みてみよう　やってみよう

ヤドカリのなかまをしらべよう

　ヤドカリのなかまは、しおだまりだけでなく、あさい海の底から深い海の底まで、また、岩場だけでなくサンゴ礁や砂浜にもいます。また、暖かい海にすむものから、冷たい海にすむものまでいます。なかには、海から上がって、陸地でくらすものさえいます。

　大きさやくらし方もさまざまで、貝がらに入っているものから、貝がら以外のものに入っているもの、貝がらに入らずにくらしているものもいます。また、タラバガニやイソカニダマシのように、カニのようなすがたをしたものもいます。

ヤドカリのなかまの２大グループ

▲ ヤマトホンヤドカリ。右側のはさみが大きくなっています。

▲ アカボシヤドカリ。左側のはさみが大きくなっています。

▲ イソヨコバサミ。両方のはさみが同じ大きさになっています。

　ヤドカリのなかまは、体の特徴のちがいなどから、２つの大きなグループに分けることができます。
　１つは、この本であつかっているケアシホンヤドカリがいるホンヤドカリグループです。そしてもう１つは、アカボシヤドカリやイソヨコバサミがいるヤドカリグループです。

　おもしろいことに、この２つのグループは、はさみあしをみると、かんたんに分けることができます。ホンヤドカリグループは、右側のはさみが左側のはさみよりずっと大きいのです。これに対してヤドカリグループでは、左側のはさみが大きいか、両側とも同じ大きさのはさみをもっています。

水の中がにがてなオカヤドカリ

ヤドカリのなかまは、ほとんどが海の中でくらしますが、オカヤドカリは、水の中がにがてというかわったヤドカリです。ふだんは海岸の陸地でくらしていて、卵がふ化するときや体をしめらせるときしか、海に入りません。ただし幼生の時代は海中で育ち、子ヤドカリになると上陸します。

▲ オカヤドカリのなかまは日本に7種類いて、すべてが国の天然記念物に指定されています。

木にものぼるヤシガニ

オカヤドカリのなかまのヤシガニは、甲長40センチメートルにもなる巨大なヤドカリです。海辺でくらし、小さいときは、カタツムリの貝がらなどに入りますが、大きなものは貝がらに入らず、お腹がかたいからにおおわれています。

▲ ヤシガニ。体が乾燥しないよう、昼間は岩の下などにかくれていて、夕方から明け方に活動します。

カニのような形のヤドカリ

ヤドカリのなかまには、タラバガニやハナサキガニ、イソカニダマシなど、カニのような形をしたものがいます。これらは、貝がらに入らず、お腹を体の下の方におりまげてしまっています。はさみあしのほかのあし（歩脚）が6本（カニのなかまは8本）しかみえないので、外見からもカニとみわけることができます。

▲ カニににたヤドカリのなかまのイソカニダマシ。しおだまりやあさい海底の石の下によくいます。

かがやくいのち図鑑
ホンヤドカリのなかま

ホンヤドカリのなかまは、日本に130種類以上います。このグループのヤドカリは、右側のはさみが大きくなっています。

ケアシホンヤドカリ　甲長*10〜15㎜
北海道から九州の外海に面した潮間帯でよくみられるヤドカリです。小型ですが、赤い触角がよくめだちます。体は緑がかった灰色で、あしには黒い点がたくさんあります。よくにた種類がいくつかいて、同じような場所でみられます。

ホンヤドカリ　甲長10〜15㎜
日本各地の潮間帯にすむヤドカリで、ホンヤドカリのなかまではもっともよくみられます。体は緑がかった灰色で、触角には白い点がならびます。はさみあしと歩脚の先の方が白くなっています。

ヤマトホンヤドカリ　甲長20〜25㎜
本州中部から南の、内湾のあさい岩場などにすんでいるヤドカリです。体は赤茶色で、目の柄は白・赤・白のしまもよう。歩脚のそれぞれの節の先の方が白くなっています。夜行性で、昼間は岩の下などにかくれています。

ベニホンヤドカリ　甲長20〜25㎜
本州から九州のあさい岩場の海底にすんでいます。ヤマトホンヤドカリに形がにていますが、体の色が明るい赤です。歩脚のそれぞれの節のまん中あたりの色がうすくなっています。おもに夜行性ですが、昼間でもみられます。

*ヤドカリの大きさは、甲長(頭胸部の長さ、55ページ右上)であらわしてあります。

ユビナガホンヤドカリ 甲長10〜15mm
北海道南部から南の日本各地でふつうにみられるヤドカリで、内湾の干潟や河口で多くみられます。体の色は個体ごとにさまざまですが、歩脚の先端の節が長いのが特徴です。

カンザシヤドカリ 甲長10〜20mm
紀伊半島から南の暖かい海でみられます。イバラカンザシというゴカイのなかまがサンゴにつくったすみかのあとに入っていて、貝がらに入っていません。

タラバガニ 甲長200〜250mm
日本海から北海道沿岸の海底にすむ、貝がらに入らない大型のヤドカリで、食用にします。ふだんは深い場所にいますが、春の繁殖期になると、岸近くのあさい場所まで移動してきます。オスの腹部はカニのように左右対称に近い形ですが、メスの腹部は多くのヤドカリと同じように、反時計まわりにねじれています。

イボトゲガニ 甲長30〜50mm
日本各地のしおだまりからあさい海底にすんでいる、貝がらに入らないヤドカリです。岩の下などにかくれています。

イソカニダマシ 甲長10mmほど
本州から沖縄の潮間帯からあさい海底でみられる、貝がらに入らないヤドカリです。岩の下などにかくれています。後ずさりして歩きます。

59

かがやくいのち図鑑
ヨコバサミなどのなかま

ヨコバサミなどのなかまは、日本に100種類以上います。このグループのはさみは、左右同じか、左側が大きくなっています。

イソヨコバサミ 甲長*10〜15㎝

東京湾から沖縄の外海に面したしおだまりのまわりから、あさい海底などでよくみられるヤドカリです。体は灰色がかった緑色で、はさみあしには黄色い点がたくさんあります。はさみあしの先と、歩脚の先端の節と次の節の先がうすい黄色になっています。

ケブカヒメヨコバサミ 甲長15〜20㎜

北海道から九州までの、各地の潮間帯からかなりふかい海底まででみられます。はさみあしや歩脚に長い毛がはえています。

ホンドオニヤドカリ 甲長30〜40㎜

本州中部から沖縄の外海に面したしおだまりのまわりから、あさい海底にすむヤドカリです。大型になり、赤い体にたくさんの毛がはえているのでめだちますが、夜行性で、昼間は岩の下やあいだにかくれています。

ソメンヤドカリ 甲長30〜40㎜

本州中部から沖縄のあさい海底からふかい海底まででみられます。イソギンチャクと共生する大型のヤドカリで、入っている貝がらにベニヒモイソギンチャクをいくつかつけています。夜行性で、昼間は岩の下などにかくれています。

*ヤドカリの大きさは、甲長（頭胸部の長さ、55ページ右上）であらわしてあります。

ヨコスジヤドカリ 甲長50～60㎜
本州中部から沖縄のあさい海底からやや
ふかい海底にすんでいます。ヤドカリイ
ソギンチャクと共生しています。

イシダタミヤドカリ 甲長40～60㎜
本州中部から沖縄のあさい海底にすんでいます。大型のヤドカリで、貝がらにヤドカリイソギンチャクをつけている個体もいます。左側の歩脚の表面が石だたみのようにでこぼこしています。

アカボシヤドカリ 甲長40～50㎜
本州中部から沖縄の砂地の海底にすんでいます。ヤドカリイソギンチャクと共生するものもいます。

ヤシガニ 甲長400㎜以上になる
ヤドカリのなかまでは最大の大きさになります。与論島から南の島の海岸近くの陸地にすんでいます。大きな個体は貝がらに入らず、腹部がかたいからでおおわれています。雑食性でさまざまなものをたべ、かたいヤシの実をはさみでわり、中身をたべたりもします。

オカヤドカリ 体長30～35㎜
奄美大島から南の島の海岸近くの陸地にすんでいます。日本にすんでいるものは国の天然記念物に指定されています。

さくいん

あ
アオウミウシ --- 31
アカヒトデ --- 30
アカボシヤドカリ --- 56,61
アゴハゼ --- 27
アメフラシ --- 31
アラレタマキビ --- 24
イシダイ --- 16
イシダタミガイ --- 30,31
イシダタミヤドカリ --- 61
イソガニ --- 25
イソカニダマシ --- 56,57,59
イソギンチャク --- 18,19
イソギンポ --- 27
イソクズガニ --- 28
イソスジエビ --- 20,29
イソテッポウエビ --- 29
イソヨコバサミ --- 56,60
イトマキヒトデ --- 30
イボトゲガニ --- 59
ウメボシイソギンチャク --- 24,31
オカヤドカリ --- 57,61
オヤビッチャ --- 27

か
カゴカキダイ --- 27
カムフラージュ --- 28,63
カメノテ --- 24,25
カワハギ --- 17
ガンガゼ --- 30
カンザシヤドカリ --- 59
擬態(ぎたい) --- 28,29,63
キヌバリ --- 27
グラウコトエ幼生(ようせい) --- 43,63
ケアシホンヤドカリ --- 58
ケブカガニ --- 28
ケブカヒメヨコバサミ --- 60
甲長(こうちょう) --- 55,57,58,59,60,61

交尾(こうび)(交接(こうせつ)) --- 40,55

さ
再生(さいせい) --- 15
サラサエビ --- 29
しおだまり --- 22,23,48
シマハゼのなかま --- 27
触角(しょっかく) --- 10,11,12,13,44,45,54
人工海水(じんこうかいすい) --- 51
ゾエア幼生(ようせい) --- 42,43,63
ソメンヤドカリ --- 19,60

た
タイドプール --- 4,63
タツノオトシゴ --- 26
脱皮(だっぴ) --- 15,32,34,35,40,43,44,45,46,63
「たべる・たべられる」の関係(かんけい) --- 30
タマキビ --- 24
卵(たまご) --- 38,39,40,41,42,43,55,57,63
タラバガニ --- 56,57,59
チャガラ --- 26,27
潮下帯(ちょうかたい) --- 22
潮間帯(ちょうかんたい) --- 22,24
潮上帯(ちょうじょうたい) --- 22,24
ツノモエビ --- 29
ツノヤドカリのなかま --- 29
デトリタス --- 12,13,63
トゲツノヤドカリ --- 19
トゲワレカラ --- 29

な
ニジギンポ --- 27
ニホンクモヒトデ --- 30

は
ハオコゼ --- 27
ハナサキガニ --- 57
バフンウニ --- 30
ひきしお --- 4,21,22,23,25
ヒザラガイ --- 24,25
尾肢(びし) --- 55

ひっこし-----13,18,19,32,34,35,36,37,52,53	みちしお--22,23
ヒライソガニ ------------------------------------28	ミドリイソギンチャク-----------------------------31
ふ化------------------------ 38,39,42,43,57,63	メジナ ---26
腹肢---55	や
フジツボ----------------------------------24,25	ヤシガニ---57,61
フナムシ----------------------------------24,25	ヤドカリコテイソギンチャク ------------------------19
プランクトン -------------------------------30	ユビナガホンヤドカリ----------------------------59
ベニヒモイソギンチャク------------------ 19,60	幼生 -----------------------------------42,43,57,63
ベニホンヤドカリ--------------------------58	ヨコスジヤドカリ --------------------------- 18,61
ホンドオニヤドカリ------------------------60	ヨツハモガニ -----------------------------------28
ホンヤドカリ ------------------------------36	ヨロイイソギンチャク----------------------------31
ま	
マダコ--------------------------------------17	

この本で使っていることばの意味

擬態（カムフラージュ） 生き物の体の形や色、もよう、動きなどが、まわりの環境やほかの生き物ににていて、そのことで自分に何か利益があるようになっていることがあります。そのうちとくに、まわりの環境にとけこんで自分がめだたなくなるようになっている場合をカムフラージュといいます。自分がめだたなくなることで、敵からねらわれにくくなっている場合と、えものに気づかれずに近づくことができるようになっている場合があります。

しおだまり しおがひいたとき、海岸に海水がとりのこされてできる水たまり。タイドプールともいいます。みちしおのときは、海の一部になってしまいます。強い日ざしや、風、なみがあたり、雨や日ざしの影響で海水のこさがかわりやすい場所ですが、さまざまな生き物がくらしています。

脱皮 体の外側がかたくなった皮やから（外骨格）でおおわれている生き物（ヤドカリ、エビ、カニ、昆虫、クモなど）が、成長するために全身の古い皮やからをぬぎすてること。古い皮やからの下にできる新しい皮やからは、脱皮をしてしばらくはやわらかいので、のびて体が大きくなることができます。昆虫では一生のうちに脱皮をする回数がほぼきまっていますが、ヤドカリやエビ、カニなどではきまっていません。生きているかぎり脱皮をくりかえして成長していますが、脱皮のたびにかならず大きくなるとはかぎりません。

デトリタス 水中の生き物の体の破片や死体、排出物などが細かくなってできたつぶや、そのつぶのまわりについた細菌などのかたまり。水の底につもっていたり、水の中をただよっていたりします。水の底にすんでいる生き物には、ナマコや二枚貝など、デトリタスをおもな食べ物にしているものがとてもたくさんいます。

ふ化 卵から、幼生や幼虫、子が出てくること。ケアシホンヤドカリの卵は、水温によってもかわりますが、ふつう産んでから1か月ほどでふ化します。ふ化することを、「卵からかえる」ともいいます。

幼生 海にすむ背骨をもたない動物（海産無脊椎動物）や一部の魚がふ化してからおとなと同じ体の構造をもつようになるまでの期間の状態。昆虫では幼虫、両生類などでは幼体ともいいます。ヤドカリでは、エビににたゾエア幼生でふ化し、何回か脱皮したのちに親にややにた形のグラウコトエ幼生になります。そして、グラウコトエ幼生は脱皮して子ヤドカリになり、幼生の期間をおえます。

NDC 485
草野慎二
科学のアルバム・かがやくいのち6
ヤドカリ
しおだまりの生き物

あかね書房 2020
64P 29cm × 22cm

■監修	武田正倫（国立科学博物館）
■写真	草野慎二
■文	大木邦彦（企画室トリトン）
■編集協力	企画室トリトン（大木邦彦・堤 雅子）
■写真協力	株式会社アマナ
	p19 右下　　小林安雅
	p57 中　　　Oxford Scientific
	p59 タラバガニ　阿部秀樹
	p59 カンザシヤドカリ　小林安雅
	p60 ホンドオニヤドカリ・ソメンヤドカリ　小林安雅
	p61 ヤシガニ　Oxford Scientific
	p19 上　　大木邦彦
■イラスト	小堀文彦
■デザイン	イシクラ事務所（石倉昌樹・隈部瑠依）
■撮影協力	草野胡桃
■参考文献	・和田哲（2000）.ヤドカリ類の生活進化（総説）. Bull.Mar. Sci.Fish., Kochi Univ., no.20, pp.1-13.
	・『ヤドカリ観察事典』（2001）写真；大塚高雄, 文；小田英智, 偕成社
	・『ヤドカリ』（2008）写真；草野慎二・栗林慧, 文；三原道弘, 総合監修；日高敏隆, アスク.
	・新ヤマケイポケットガイド『海辺の生き物』（2010）写真；小林安雅, 文；中野ひろみ, 監修；武田正倫, 山と溪谷社

科学のアルバム・かがやくいのち6
ヤドカリ しおだまりの生き物

2011年3月初版　2020年5月第2刷

著者	草野慎二
発行者	岡本光晴
発行所	株式会社 あかね書房
	〒101-0065　東京都千代田区西神田3－2－1
	03-3263-0641（営業）　03-3263-0644（編集）
	https://www.akaneshobo.co.jp
印刷所	株式会社 精興社
製本所	株式会社 難波製本

©amana, Kunihiko Ohki. 2011 Printed in Japan
ISBN978-4-251-06706-7
定価は裏表紙に表示してあります。
落丁本・乱丁本はおとりかえいたします。